中华人民共和国
档案法

中国法制出版社

中华人民共和国档案法
ZHONGHUA RENMIN GONGHEGUO DANG'AN FA

经销/新华书店
印刷/北京海纳百川印刷有限公司
开本/850毫米×1168毫米 32开　　印张/0.75　字数/10千
版次/2020年6月第1版　　2022年6月第12次印刷

中国法制出版社出版
书号 ISBN 978-7-5216-1138-0　　定价：4.00元

北京西单横二条2号
邮政编码 100031　　传真：010-66031119
网址：http：//www.zgfzs.com　　编辑部电话：010-66066621
市场营销部电话：010-66033393　　邮购部电话：010-66033288

（如有印装质量问题，请与本社印务部联系调换。电话：010-66032926）

目　　录

中华人民共和国主席令

第四十七号

《中华人民共和国档案法》已由中华人民共和国第十三届全国人民代表大会常务委员会第十九次会议于2020年6月20日修订通过，现予公布，自2021年1月1日起施行。

中华人民共和国主席　习近平

2020年6月20日

中华人民共和国档案法

（1987 年 9 月 5 日第六届全国人民代表大会常务委员会第二十二次会议通过　根据 1996 年 7 月 5 日第八届全国人民代表大会常务委员会第二十次会议《关于修改〈中华人民共和国档案法〉的决定》第一次修正　根据 2016 年 11 月 7 日第十二届全国人民代表大会常务委员会第二十四次会议《关于修改〈中华人民共和国对外贸易法〉等十二部法律的决定》第二次修正　2020 年 6 月 20 日第十三届全国人民代表大会常务委员会第十九次会议修订）

目　录

第一章　总　　则

第一条　为了加强档案管理，规范档案收集、整理工作，有效保护和利用档案，提高档案信息化建设水平，推进国家治理体系和治理能力现代化，为中国特色社会主义事业服务，制定本法。

第二条　从事档案收集、整理、保护、利用及其监督管理活动，适用本法。

本法所称档案，是指过去和现在的机关、团体、企业事业单位和其他组织以及个人从事经济、政治、文化、社会、生态文明、军事、外事、科技等方面活动直接形成的对国家和社会具有保存价值的各种文字、图表、声像等不同形式的历史记录。

第三条　坚持中国共产党对档案工作的领导。各级人民政府应当加强档案工作，把档案事业纳入国民经济和社会发展规划，将档案事业发展经费列入政府预算，确保档案事业发展与国民经济和社会发展水平相适应。

第四条　档案工作实行统一领导、分级管理的原则，维护档案完整与安全，便于社会各方面的利用。

第五条　一切国家机关、武装力量、政党、团体、企业事业单位和公民都有保护档案的义务，享有依法利用档案的权利。

第六条　国家鼓励和支持档案科学研究和技术创新，

促进科技成果在档案收集、整理、保护、利用等方面的转化和应用，推动档案科技进步。

国家采取措施，加强档案宣传教育，增强全社会档案意识。

国家鼓励和支持在档案领域开展国际交流与合作。

第七条 国家鼓励社会力量参与和支持档案事业的发展。

对在档案收集、整理、保护、利用等方面做出突出贡献的单位和个人，按照国家有关规定给予表彰、奖励。

第二章 档案机构及其职责

第八条 国家档案主管部门主管全国的档案工作，负责全国档案事业的统筹规划和组织协调，建立统一制度，实行监督和指导。

县级以上地方档案主管部门主管本行政区域内的档案工作，对本行政区域内机关、团体、企业事业单位和其他组织的档案工作实行监督和指导。

乡镇人民政府应当指定人员负责管理本机关的档案，并对所属单位、基层群众性自治组织等的档案工作实行监督和指导。

第九条 机关、团体、企业事业单位和其他组织应当确定档案机构或者档案工作人员负责管理本单位的档案，并对所属单位的档案工作实行监督和指导。

中央国家机关根据档案管理需要，在职责范围内指导本系统的档案业务工作。

第十条 中央和县级以上地方各级各类档案馆，是集中管理档案的文化事业机构，负责收集、整理、保管和提供利用各自分管范围内的档案。

第十一条 国家加强档案工作人才培养和队伍建设，提高档案工作人员业务素质。

档案工作人员应当忠于职守，遵纪守法，具备相应的专业知识与技能，其中档案专业人员可以按照国家有关规定评定专业技术职称。

第三章 档案的管理

第十二条 按照国家规定应当形成档案的机关、团体、企业事业单位和其他组织，应当建立档案工作责任制，依法健全档案管理制度。

第十三条 直接形成的对国家和社会具有保存价值的下列材料，应当纳入归档范围：

（一）反映机关、团体组织沿革和主要职能活动的；

（二）反映国有企业事业单位主要研发、建设、生产、经营和服务活动，以及维护国有企业事业单位权益和职工权益的；

（三）反映基层群众性自治组织城乡社区治理、服务活动的；

(四) 反映历史上各时期国家治理活动、经济科技发展、社会历史面貌、文化习俗、生态环境的；

(五) 法律、行政法规规定应当归档的。

非国有企业、社会服务机构等单位依照前款第二项所列范围保存本单位相关材料。

第十四条 应当归档的材料，按照国家有关规定定期向本单位档案机构或者档案工作人员移交，集中管理，任何个人不得拒绝归档或者据为己有。

国家规定不得归档的材料，禁止擅自归档。

第十五条 机关、团体、企业事业单位和其他组织应当按照国家有关规定，定期向档案馆移交档案，档案馆不得拒绝接收。

经档案馆同意，提前将档案交档案馆保管的，在国家规定的移交期限届满前，该档案所涉及政府信息公开事项仍由原制作或者保存政府信息的单位办理。移交期限届满的，涉及政府信息公开事项的档案按照档案利用规定办理。

第十六条 机关、团体、企业事业单位和其他组织发生机构变动或者撤销、合并等情形时，应当按照规定向有关单位或者档案馆移交档案。

第十七条 档案馆除按照国家有关规定接收移交的档案外，还可以通过接受捐献、购买、代存等方式收集档案。

第十八条 博物馆、图书馆、纪念馆等单位保存的文物、文献信息同时是档案的，依照有关法律、行政法规的规定，可以由上述单位自行管理。

档案馆与前款所列单位应当在档案的利用方面互相协作，可以相互交换重复件、复制件或者目录，联合举办展览，共同研究、编辑出版有关史料。

第十九条 档案馆以及机关、团体、企业事业单位和其他组织的档案机构应当建立科学的管理制度，便于对档案的利用；按照国家有关规定配置适宜档案保存的库房和必要的设施、设备，确保档案的安全；采用先进技术，实现档案管理的现代化。

档案馆和机关、团体、企业事业单位以及其他组织应当建立健全档案安全工作机制，加强档案安全风险管理，提高档案安全应急处置能力。

第二十条 涉及国家秘密的档案的管理和利用，密级的变更和解密，应当依照有关保守国家秘密的法律、行政法规规定办理。

第二十一条 鉴定档案保存价值的原则、保管期限的标准以及销毁档案的程序和办法，由国家档案主管部门制定。

禁止篡改、损毁、伪造档案。禁止擅自销毁档案。

第二十二条 非国有企业、社会服务机构等单位和个人形成的档案，对国家和社会具有重要保存价值或者应当保密的，档案所有者应当妥善保管。对保管条件不符合要求或者存在其他原因可能导致档案严重损毁和不安全的，省级以上档案主管部门可以给予帮助，或者经协商采取指定档案馆代为保管等确保档案完整和安全的措施；必要时，可以依法收购或者征购。

前款所列档案，档案所有者可以向国家档案馆寄存或者转让。严禁出卖、赠送给外国人或者外国组织。

向国家捐献重要、珍贵档案的，国家档案馆应当按照国家有关规定给予奖励。

第二十三条 禁止买卖属于国家所有的档案。

国有企业事业单位资产转让时，转让有关档案的具体办法，由国家档案主管部门制定。

档案复制件的交换、转让，按照国家有关规定办理。

第二十四条 档案馆和机关、团体、企业事业单位以及其他组织委托档案整理、寄存、开发利用和数字化等服务的，应当与符合条件的档案服务企业签订委托协议，约定服务的范围、质量和技术标准等内容，并对受托方进行监督。

受托方应当建立档案服务管理制度，遵守有关安全保密规定，确保档案的安全。

第二十五条 属于国家所有的档案和本法第二十二条规定的档案及其复制件，禁止擅自运送、邮寄、携带出境或者通过互联网传输出境。确需出境的，按照国家有关规定办理审批手续。

第二十六条 国家档案主管部门应当建立健全突发事件应对活动相关档案收集、整理、保护、利用工作机制。

档案馆应当加强对突发事件应对活动相关档案的研究整理和开发利用，为突发事件应对活动提供文献参考和决策支持。

第四章　档案的利用和公布

第二十七条　县级以上各级档案馆的档案，应当自形成之日起满二十五年向社会开放。经济、教育、科技、文化等类档案，可以少于二十五年向社会开放；涉及国家安全或者重大利益以及其他到期不宜开放的档案，可以多于二十五年向社会开放。国家鼓励和支持其他档案馆向社会开放档案。档案开放的具体办法由国家档案主管部门制定，报国务院批准。

第二十八条　档案馆应当通过其网站或者其他方式定期公布开放档案的目录，不断完善利用规则，创新服务形式，强化服务功能，提高服务水平，积极为档案的利用创造条件，简化手续，提供便利。

单位和个人持有合法证明，可以利用已经开放的档案。档案馆不按规定开放利用的，单位和个人可以向档案主管部门投诉，接到投诉的档案主管部门应当及时调查处理并将处理结果告知投诉人。

利用档案涉及知识产权、个人信息的，应当遵守有关法律、行政法规的规定。

第二十九条　机关、团体、企业事业单位和其他组织以及公民根据经济建设、国防建设、教学科研和其他工作的需要，可以按照国家有关规定，利用档案馆未开放的档案以及有关机关、团体、企业事业单位和其他组织保存的档案。

第三十条 馆藏档案的开放审核，由档案馆会同档案形成单位或者移交单位共同负责。尚未移交进馆档案的开放审核，由档案形成单位或者保管单位负责，并在移交时附具意见。

第三十一条 向档案馆移交、捐献、寄存档案的单位和个人，可以优先利用该档案，并可以对档案中不宜向社会开放的部分提出限制利用的意见，档案馆应当予以支持，提供便利。

第三十二条 属于国家所有的档案，由国家授权的档案馆或者有关机关公布；未经档案馆或者有关机关同意，任何单位和个人无权公布。非国有企业、社会服务机构等单位和个人形成的档案，档案所有者有权公布。

公布档案应当遵守有关法律、行政法规的规定，不得损害国家安全和利益，不得侵犯他人的合法权益。

第三十三条 档案馆应当根据自身条件，为国家机关制定法律、法规、政策和开展有关问题研究，提供支持和便利。

档案馆应当配备研究人员，加强对档案的研究整理，有计划地组织编辑出版档案材料，在不同范围内发行。

档案研究人员研究整理档案，应当遵守档案管理的规定。

第三十四条 国家鼓励档案馆开发利用馆藏档案，通过开展专题展览、公益讲座、媒体宣传等活动，进行爱国主义、集体主义、中国特色社会主义教育，传承发展中华优秀传统文化，继承革命文化，发展社会主义先进文化，增强文化自信，弘扬社会主义核心价值观。

第五章 档案信息化建设

第三十五条 各级人民政府应当将档案信息化纳入信息化发展规划，保障电子档案、传统载体档案数字化成果等档案数字资源的安全保存和有效利用。

档案馆和机关、团体、企业事业单位以及其他组织应当加强档案信息化建设，并采取措施保障档案信息安全。

第三十六条 机关、团体、企业事业单位和其他组织应当积极推进电子档案管理信息系统建设，与办公自动化系统、业务系统等相互衔接。

第三十七条 电子档案应当来源可靠、程序规范、要素合规。

电子档案与传统载体档案具有同等效力，可以以电子形式作为凭证使用。

电子档案管理办法由国家档案主管部门会同有关部门制定。

第三十八条 国家鼓励和支持档案馆和机关、团体、企业事业单位以及其他组织推进传统载体档案数字化。已经实现数字化的，应当对档案原件妥善保管。

第三十九条 电子档案应当通过符合安全管理要求的网络或者存储介质向档案馆移交。

档案馆应当对接收的电子档案进行检测，确保电子档案的真实性、完整性、可用性和安全性。

档案馆可以对重要电子档案进行异地备份保管。

第四十条 档案馆负责档案数字资源的收集、保存和提供利用。有条件的档案馆应当建设数字档案馆。

第四十一条 国家推进档案信息资源共享服务平台建设，推动档案数字资源跨区域、跨部门共享利用。

第六章 监督检查

第四十二条 档案主管部门依照法律、行政法规有关档案管理的规定，可以对档案馆和机关、团体、企业事业单位以及其他组织的下列情况进行检查：

（一）档案工作责任制和管理制度落实情况；

（二）档案库房、设施、设备配置使用情况；

（三）档案工作人员管理情况；

（四）档案收集、整理、保管、提供利用等情况；

（五）档案信息化建设和信息安全保障情况；

（六）对所属单位等的档案工作监督和指导情况。

第四十三条 档案主管部门根据违法线索进行检查时，在符合安全保密要求的前提下，可以检查有关库房、设施、设备，查阅有关材料，询问有关人员，记录有关情况，有关单位和个人应当配合。

第四十四条 档案馆和机关、团体、企业事业单位以及其他组织发现本单位存在档案安全隐患的，应当及时采取补救措施，消除档案安全隐患。发生档案损毁、信息泄露等情形的，应当及时向档案主管部门报告。

第四十五条 档案主管部门发现档案馆和机关、团体、企业事业单位以及其他组织存在档案安全隐患的，应当责令限期整改，消除档案安全隐患。

第四十六条 任何单位和个人对档案违法行为，有权向档案主管部门和有关机关举报。

接到举报的档案主管部门或者有关机关应当及时依法处理。

第四十七条 档案主管部门及其工作人员应当按照法定的职权和程序开展监督检查工作，做到科学、公正、严格、高效，不得利用职权牟取利益，不得泄露履职过程中知悉的国家秘密、商业秘密或者个人隐私。

第七章 法律责任

第四十八条 单位或者个人有下列行为之一，由县级以上档案主管部门、有关机关对直接负责的主管人员和其他直接责任人员依法给予处分：

（一）丢失属于国家所有的档案的；

（二）擅自提供、抄录、复制、公布属于国家所有的档案的；

（三）买卖或者非法转让属于国家所有的档案的；

（四）篡改、损毁、伪造档案或者擅自销毁档案的；

（五）将档案出卖、赠送给外国人或者外国组织的；

（六）不按规定归档或者不按期移交档案，被责令改正而拒不改正的；

（七）不按规定向社会开放、提供利用档案的；

（八）明知存在档案安全隐患而不采取补救措施，造成档案损毁、灭失，或者存在档案安全隐患被责令限期整改而逾期未整改的；

（九）发生档案安全事故后，不采取抢救措施或者隐瞒不报、拒绝调查的；

（十）档案工作人员玩忽职守，造成档案损毁、灭失的。

第四十九条 利用档案馆的档案，有本法第四十八条第一项、第二项、第四项违法行为之一的，由县级以上档案主管部门给予警告，并对单位处一万元以上十万元以下的罚款，对个人处五百元以上五千元以下的罚款。

档案服务企业在服务过程中有本法第四十八条第一项、第二项、第四项违法行为之一的，由县级以上档案主管部门给予警告，并处二万元以上二十万元以下的罚款。

单位或者个人有本法第四十八条第三项、第五项违法行为之一的，由县级以上档案主管部门给予警告，没收违法所得，并对单位处一万元以上十万元以下的罚款，对个人处五百元以上五千元以下的罚款；并可以依照本法第二十二条的规定征购所出卖或者赠送的档案。

第五十条 违反本法规定，擅自运送、邮寄、携带或者通过互联网传输禁止出境的档案或者其复制件出境的，由海关或者有关部门予以没收、阻断传输，并对单位处一万元以上十万元以下的罚款，对个人处五百元以上五千元以下的罚款；并将没收、阻断传输的档案或者其复制件移交档案主管部门。

第五十一条 违反本法规定，构成犯罪的，依法追究刑事责任；造成财产损失或者其他损害的，依法承担民事责任。

第八章 附 则

第五十二条 中国人民解放军和中国人民武装警察部队的档案工作，由中央军事委员会依照本法制定管理办法。

第五十三条 本法自 2021 年 1 月 1 日起施行。

关于《中华人民共和国档案法（修订草案）》的说明

——2019年10月21日在第十三届全国人民代表大会常务委员会第十四次会议上

国家档案局局长　李明华

委员长、各位副委员长、秘书长、各位委员：

我受国务院委托，现对《中华人民共和国档案法（修订草案）》（以下简称《草案》）作说明。

一、修订的必要性

档案作为党和国家各项工作和人民群众各方面情况的真实记录，是促进我国各项事业科学发展、维护党和国家及人民群众根本利益的重要依据。《中华人民共和国档案法》自1988年施行以来，对加强档案的收集、管理和利用，维护国家档案资源安全，服务改革开放和社会主义现代化建设发挥了重要作用。但是，随着中国特色社会主义进入新时代和全面依法治国方略的推进，档案法与国家治理体系和治理能力现代化建设战略部署已不相适应，迫切需要修订。一是党中央、国务院对档案工作提出了新要求。习近平总书记指出，档案工作是一项非常重要的工作，经验得以总结，规律得以认识，历史得以延续，各项事业得以发展，都离不开档案。并要求新时期档案工作要依法管理、走向开放、走向现代化。2015年7月，中央政治局集体学习时，习近平总书记3次提到档案，强调“让历史说话、用史实发言”。李克强总理在今年《政府工作报告》中对发展档案事业提出明确要求，并强调对由于法规不健全而造成的一些地方推行电子档案认定使用难、跨地区办理难问题，要抓紧清理修改相关法律法规。2014年中共中央办公厅、国务院办公厅印发《关于加强和改进新形势下档案工作的意见》，要求进一步完善档案工作体制机制，加大对档案工作的支持保障力度，推动档案事业科学发展。二是实践中有一些突出问题亟待解决。首先，随着信息时代的到来，各项工作形成的电子文件越来越多，传统载体档案的数字化数量巨大，档案工作从传统实体管理逐渐转向数字管理，许多新情况新问题需要法律予以明确。其次，随着经济社会的快速发展，档案工作内外部环境发生了很大变化，需要在法律中明确归档范围和档案管理责任，以及机构变动时档案如何处置。再次，长期以来档案开放鉴定职责不明晰，影响了档案开放进程，档案“为民服务”的作用难以充分发挥，需要进一步修改完善相关制度。

2015年11月，国家档案局向国务院报送《〈中华人民共和国档案法〉修订草案（送审稿)》（以下简称送审稿）。收到此件后，司法部广泛征求了各地各部门意见，赴地方进行调研，召开企业座谈会、专家论证会、有关部门协调会，并由国家档案局向社会公开征求意见。在此基础上，司法部会同国家档案局对送审稿反复研究、修改，形成《草案》。《草案》已于2019年10月8日经国务院常务会议讨论通过。

二、修订工作总体思路

一是贯彻总体国家安全观，加强机关、团体、企业事业单位和其他组织的档案管理责任，明确机构变动时档案的处置。二是坚持问题导向，立足实际完善相关制度。充分考虑我国档案工作实践基础，集中力量解决突出问题，明确归档范围，加强档案信息化建设，特别是明确电子档案的法律效力，完善监督检查措施，充分发挥档案工作为党管档、为国守史、为民服务的基础性作用。三是坚持立法服务社会和人民群众的价值取向，进一步为档案开放和利用提供便利条件，增加人民群众的获得感。

三、修订的主要内容

《草案》共八章四十二条，比现行法（六章二十七条）增加二章（档案信息化建设和监督检查），增加十六条，修改十五条，删除一条。

（一）完善档案管理相关制度。一是建立档案工作责任制。二是明确机关、团体、国有企业事业单位和其他组织归档范围，同时规定了非国有企业的档案管理责任。

三是明确机构变动时档案移交制度。此外，为了维护国家安全和公共利益，将现行法中“集体所有的和个人所有的”修改为“非国有的”，规定：非国有的对国家和社会具有保存价值的或者应当保密的档案，所有者应当妥善保管；严禁卖给、赠送给外国人或者外国组织。

（二）增加档案信息化建设的规定。一是规定：各级人民政府应当将档案信息化纳入信息化发展规划，保障电子档案、传统载体档案数字化成果等档案数字资源的安全保存和有效利用。二是明确电子档案法律效力，规定：不得仅因为电子档案采用电子形式而否认其法律效力，具有法律效力的电子档案可以以电子形式作为凭证使用。三是对档案信息化内容作了具体规定：国家鼓励机关、团体、企业事业单位和其他组织推进电子档案管理信息系统建设；有条件的档案馆应当按照规定建设数字档案馆；国家推进档案数字资源跨区域、跨部门共享利用。

（三）扩大档案开放与利用。提高档案开放的效率，将档案开放的期限由三十年缩短为二十五年，并明确档案开放鉴定制度，规定：馆藏档案的开放鉴定由国家档案馆会同档案形成或者移交单位共同负责；尚未移交进馆档案的开放鉴定，由档案形成或者保管单位负责，在移交前完成开放鉴定工作。做好档案开放与政府信息公开的衔接，规定：提前将档案交档案馆保管的，移交档案所涉及政府信息公开事项由原制作或者保存政府信息的单位办理；移交期限届满的，涉及政府信息公开事项的档案按照档案利用规定办理。

（四）增加档案监督检查的规定。明确监督检查事项，并规定监督检查措施：在符合安全保密要求的前提下，档案行政管理部门可以查阅有关材料、询问人员、记录情况，对有关设施实施检查，被检查的单位应当配合。

此外，我们还作了一些文字修改，并对条款顺序作了相应调整。

《草案》和以上说明是否妥当，请审议。